BEI GRIN MACHT SICH IHR WISSEN BEZAHLT

- Wir veröffentlichen Ihre Hausarbeit, Bachelor- und Masterarbeit

- Ihr eigenes eBook und Buch - weltweit in allen wichtigen Shops

- Verdienen Sie an jedem Verkauf

Jetzt bei www.GRIN.com hochladen und kostenlos publizieren

Manuela Ivo

Norderney - Ein Ziel des Massentourismus?

GRIN Verlag

Bibliografische Information der Deutschen Nationalbibliothek:

Die Deutsche Bibliothek verzeichnet diese Publikation in der Deutschen Nationalbibliografie; detaillierte bibliografische Daten sind im Internet über http://dnb.d-nb.de/ abrufbar.

Impressum:

Druck und Bindung: Books on Demand GmbH, Norderstedt Germany
ISBN: 978-3-640-87292-3

Dieses Buch bei GRIN:

http://www.grin.com/de/e-book/168098/norderney-ein-ziel-des-massentourismus

1. Vorwort

1.1. Bezug zum Thema

In meiner Facharbeit werde ich das Thema „ Norderney - ein Ziel des Massentourismus?“ behandeln.
Dieses Thema hat für mich einen persönlichen Bezug, da ich die ostfriesischen Inseln und auch die Insel Norderney schon oft besucht habe und sie mich seitdem sehr interessieren.
Ich habe mich dazu entschlossen, über Norderney zu schreiben, da es das älteste Seeheilbad Deutschlands ist und eine interessante touristische Entwicklung vorzuweisen hat, die beispielhaft für alle ostfriesischen Inseln steht.
Ziel meiner Facharbeit soll sein, Norderney nach geographischen Aspekten zu untersuchen und festzustellen, ob dort wirklich, wie in den Medien oft berichtet wird, eine Form von Massentourismus („Kegelclubtourismus“) entstanden ist.

1.2. Geographischer Ansatz

Ich werde die Insel Norderney im Hinblick auf verschiedene Aspekte analysieren, neben Struktur- und Raumveränderungen im Laufe der Zeit werde ich auch verschiedene Formen des auf Norderney zu findenden Tourismus darstellen (Gesundheitstourismus, Qualitätstourismus, etc.), ökologische Gesichtspunkte miteinbeziehen, die Struktur und Entwicklung der Stadt sowie der ganzen Insel untersuchen und einen Ausblick für die Perspektive Norderneys zu geben versuchen.
Dabei versuche ich, nach der Definition von Geographie, die Insel integrativ zu betrachten und als ein Wirkungsgefüge zwischen Mensch und Raum im Laufe der Zeit zu verstehen.
Da das naturräumliche Potenzial Norderneys Grundvoraussetzung für den Tourismus ist, sind die Beziehungen zwischen den Menschen und ihrer natürlichen Umgebung sowie die Untersuchung der optimalen Nutzung und Nachhaltigkeit ein wesentlicher Teil meiner Facharbeit.
Am Ende der Arbeit steht ein Fazit, das unter Berücksichtigung all dieser Punkte die Frage, ob auf Norderney Massentourismus vorzufinden ist, klären soll.

2. Einleitung

2.1. Definition von Massentourismus

Unter Massentourismus versteht man den „Ausdruck für die in den westlichen Industrieländern zu beobachtende Erscheinung, dass die Reiseintensität der Bevölkerung sehr hohe Werte erreicht, dass also weiteste Bevölkerungskreise regelmäßig am Fremdenverkehr teilnehmen."

Außerdem bedeutet Massentourismus „Fremdenverkehr, der sich, im Gegensatz zum Individualtourismus, in organisierter Form und größeren Gruppen abspielt und als Ziel stark frequentierte Fremdenverkehrsgebiete aufweist. Der Begriff wird häufig abschätzig im Sinn einer Kritik an Auswüchsen des Tourismus gebraucht." [1]

Allgemein versteht man unter Massentourismus eine organisierte, z.B. von einem Veranstalter durchgeplante Form, des Tourismus, in die ein bestimmter Lebensstil importiert wird, der wiederum auf eine bestimmte Zielgruppe ausgerichtet ist. Massentouristische Ziele sind oft einem „allgemeinen Trend unterworfen", d.h. sie werden nur kurze Zeit genutzt, obwohl oft kurzfristige Investitionen getätigt werden, um möglichst schnell möglichst viele Menschen anzuziehen. Oft wird versucht, die Kosten für Unterbringung und Verpflegung gering zu halten, Gäste in massentouristischen Zielorten haben meistens kein oder nur wenig Verlangen nach Luxus. „Möglichst günstige Preise und das Wohlbefinden der Kunden sind primäre Ziele"[2], Touristen in Zielorten des Massentourismus verbringen ihren Urlaub oft sehr bequem und passiv, da Einkaufs- und Unterhaltungsmöglichkeiten sowie Restaurants in ausreichender Anzahl in unmittelbarer Nähe gelegen sind. Zudem findet man an Zielorten des Massentourismus meistens besondere Pull-Faktoren wie Strand, Meer, Sehenswürdigkeiten und Attraktionen wie Szenekneipen oder Freizeitparks.

[1] Diercke Wörterbuch Allgemeine Geographie
[2] Frederik Sonnek, Referat: „Der Massentourismus", www.fundus.org

2.2. Die ostfriesischen Inseln/ Norderney als touristisches Ziel

Die ostfriesischen Inseln sind besonders in den 1990er Jahren zu einem der beliebtesten Ferienziele Deutschlands geworden. Man kann hier unberührte Natur, große Strände, Dünenlandschaften sowie das saubere Wasser der Nordsee finden. Zudem trägt das raue, aber gesunde Klima zur Heilung und Vorbeugung von vielen Krankheiten, wie z. B. Atemwegs- oder Hauterkrankungen bei.

Auch Urlauber vom Festland besuchen die ostfriesischen Inseln oft per Schiff für einen Tag, um die ursprüngliche Natur, die teilweise autofreien Inseln und das gesunde Klima zu genießen.

Die Fahrzeit mit dem Schiff beträgt für fast alle Inseln vom Festland unter einer Stunde, weshalb dieser Tagestourismus sehr einfach und bequem ist. Auch das Inselspringen, also der Besuch von anderen Inseln, ist sehr beliebt und wird in großem Maße und preisgünstig angeboten.

Norderney ist die zweitgrößte der sieben Inseln. Es ist 14 km lang, bis zu 2 km breit[3] und liegt zwischen den kleineren Inseln Juist und Baltrum im Nationalpark Niedersächsisches Wattenmeer. Norderney zählt mehr Gäste als alle anderen ostfriesischen Inseln und weist eine seit Jahren gewachsene touristische Struktur vor, die sich zuerst nur aus dem Kurbetrieb entwickelte. Traditionell wurde den Gästen auf Norderney auch ein umfangreiches Angebot an Kulturereignissen und Veranstaltungen geboten, das ebenfalls im Laufe der Jahre immer weiter ausgebaut wurde.

Im Gegensatz zu den meisten anderen Insel ist Norderney nicht autofrei.

Gerade in den letzten Jahren ist Deutschland als Ferienziel immer beliebter geworden, da viele Menschen wieder großes Interesse an innerdeutschen Reisezielen gefunden haben.

Die ostfriesischen Inseln sind eine sowohl mit dem Auto als auch mit Zug gut zu erreichende Alternative zu Flugreisen und erfreuen sich deshalb einer sehr großen Beliebtheit, wenn auch fast ausschließlich bei deutschen Touristen.

---

[3] „Norderney in Zahlen“, www.norderney.de

3. Entwicklung des Tourismus auf Norderney

3.1. Historische Entwicklung

Norderney bestand ursprünglich aus einer Fischersiedlung, die sich im Westteil der Insel entwickelte.

1797 wurde das erste deutsche Nordseebad auf der Insel gegründet und es entstanden ein Konversation- und Badehaus sowie erste Gästeunterkünfte in den Häusern der Insulaner. Mitte des 19. Jahrhunderts wurde Norderney königliche Sommerresidenz und erhielt einige fortschrittliche Einrichtungen wie z.B. ein Krankenhaus, ein Wasserwerk und ein Gaswerk. Heute noch ist Norderneys Vergangenheit an historischen Prachtbauten und einem „mondänen Flair“[4] zu erkennen. Es gilt immer noch als Treffpunkt der gehobeneren Schicht, was auch an den außergewöhnlich vielen Hotels der gehobeneren Preisklasse und dem Sitz einer Spielbank deutlich wird.

Der Kurtourismus entwickelte sich in den folgenden Jahren immer weiter, hatte allerdings während des 1. Weltkrieges Einbußen zu verzeichnen.

Nach Ende des Krieges zeigte sich, dass Norderney trotz Einbußen den anderen ostfriesischen Inseln weit voraus war. Der Fremdenverkehr blühte wieder auf - wenn auch nur für kurze Zeit, denn 1939 mussten die Kurgäste die Insel verlassen und der Tourismus brach während des 2. Weltkrieges gänzlich ein. Norderney erholte sich jedoch erstaunlich schnell und wurde bereits 1946 „Niedersächsisches Staatsbad“ und 1948 offiziell eine Stadt.

Seitdem hatte die zweitgrößte ostfriesische Insel eine stetige Weiterentwicklung der Kureinrichtungen, ein immer umfangreicheres Kulturprogramm und in den letzten Jahren verstärkt eine Zunahme von Unterhaltungsmöglichkeiten zu verzeichnen. [5]

Jedoch erst seit tiefgreifenden Veränderungen in den 1970er und 1980er Jahren wie z.B. dem Ausbau der Sport- und Unterhaltungsmöglichkeiten und dem Bau von Ferienhotels hat sich der Tourismus auf Norderney von einem reinen Kur- und Gesundheitsurlaub zu der heutigen Form entwickelt, in der sowohl Kururlaub als auch Familien-, Sport- und Kurzreisen eine wichtige Rolle spielen.

---

[4] Jan Schröter, „Norderney – ein illustriertes Reisehandbuch“, Edition Temmen, 1995, S.9

[5] Jan Schröter, „Norderney – ein illustriertes Reisehandbuch“, Edition Temmen, 1995, S.25

3.2. Entwicklung der Besucherzahlen

Bezogen auf die Jahre von 1960 bis 2000 hat die Insel Norderney eine auffällige Entwicklung vorzuweisen.

Während sich die Anzahl der Anreisen von rund 100.000 im Jahre 1960 auf knapp 300.000 im Jahre 2000 fast verdreifachte, sank die durchschnittliche Aufenthaltsdauer von 18,7 Tagen, also fast drei Wochen, auf 10,7 Tage. Wie man an den unten abgebildeten Diagrammen erkennen kann, verlief diese Entwicklung kontinuierlich und ab 1990 in verstärktem Maße, weshalb Norderney in den 1990er Jahren zu den „Gewinnern" im Bezug auf die Steigerung der Übernachtungsgäste unter den Reisegebieten in Westdeutschland gehörte, jedoch nicht bei der durchschnittlichen Aufenthaltsdauer.

Gründe dieser Entwicklung sind die Abnahme der reinen Kurgäste und die Abstriche im Gesundheitswesen, durch welche die Kurdauer Ende der 1980er Jahre von 4 auf 3 Wochen gesenkt wurde, was eine Abnahme der durchschnittlichen Aufenthaltsdauer bei den Kurgästen zur Folge hatte.

Die Zahl der Familien, die ihren oft etwa ein bis zwei Wochen dauernden Sommerurlaub auf Norderney verbrachten, stieg an.

Die sinkende Aufenthaltsdauer ab 1990 ist auch damit zu begründen, dass immer mehr Wochenendtouristen auf die Insel kamen und vor allem in den letzten Jahren die Zahl der Clubs und Vereine, die im Schnitt etwa 3- 4 Tage blieben, stark zunahm. Im Durchschnitt gesehen, bewirkt diese Entwicklung einen starken Rückgang der durchschnittlichen Aufenthaltsdauer bei immer mehr Besuchern.

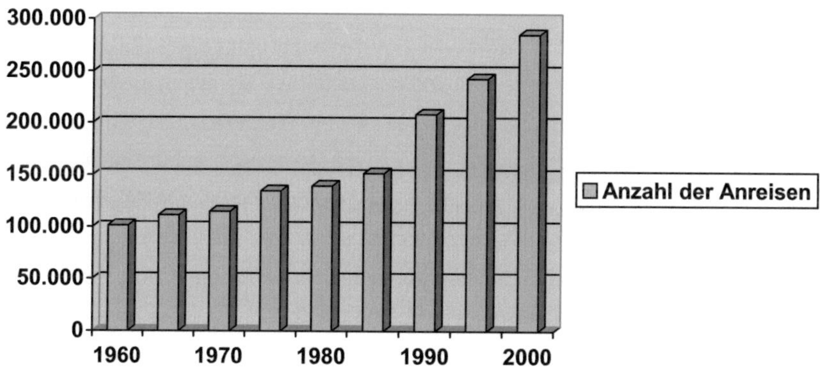

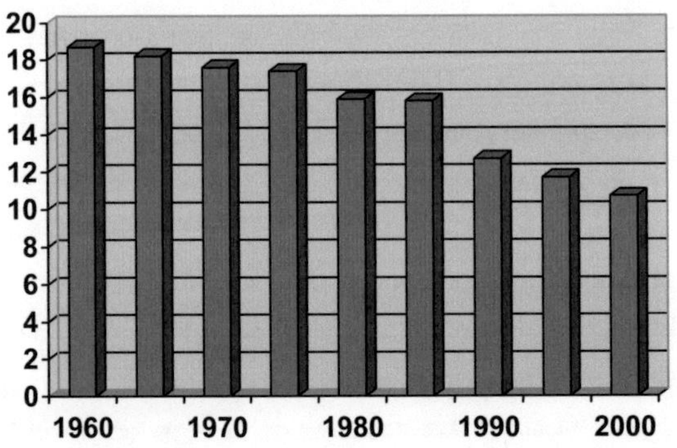

Quelle[6]

3.3. Verbesserungsmaßnahmen

Um mehr attraktive Angebote für Touristen zu erschaffen, tätigte die Kurverwaltung große Investitionen. Unter anderem wurden das Kurtheater und das „Haus der Insel", ein Veranstaltungs- und Tagungszentrum, welches direkt am Kurpark gelegen ist, renoviert und zwischen 1987 und 1990 wurde ein großes Erlebnisbad errichtet.

Man verpflichtet seit dem Jahre 1980 das Warschauer Symphonieorchester und setzte verstärkt auf ein recht anspruchsvolles Kulturprogramm, das neben dem Theater auch Events, Musicals, Kabarett und viele Musikkonzerte beinhaltet. Bis heute hat Norderney ein sehr gutes Kultur- und Unterhaltungsprogramm vorzuweisen, z.B. im Jahr 2004 das bekannte Hamburger Ohnsorg- Theater, „ABBA- Die Revival Show" sowie viele Sportveranstaltungen wie z.B. die deutschen Meisterschaften im Windsurfen und der Norderney-Marathon. Im Sommer, der Hauptreisezeit für Besucher, finden die meisten Veranstaltungen statt.[7]

Auch weitere Attraktionen, wie z.B. die Möglichkeit, auf der Insel zu heiraten oder spezielle Ausflüge und Veranstaltungen für Gruppen und Kegelclubs, z.B. der Fischfang als Touristenattraktion, sind auf Norderney stark ausgeprägt. Die letzten Verbesserungsmaßnahmen waren im Jahre 2002 die Errichtung eines „Planetenpfads", einem Rundwanderweg, und die Einführung eines Kartoffelfests, bei welchem vor allem jungen Leuten viel Unterhaltung geboten wird.

---

[6] Statistik der Gäste Norderneys 1960 – 1996, www.norderney-chronik.de/themen/daten/gaestezahlen.

[7] Gastgeberverzeichnis Norderney 2004, S. 118/119

Die immer stärker anwachsenden Besucherzahlen zeigten, dass die Investitionen und die Konzentration auf ein gutes und umfangreiches Unterhaltungsprogramm, dass auch heute noch immer weiter verbessert wird, gerechtfertigt waren.
1997 wurde als neue Innovation die „NorderneyCard" eingeführt, die als Fähr-, Service- und Kurkarte genutzt werden kann. Zudem bekommt man mit ihr kostenlos Zugang zu Stränden, Veranstaltungen und Freizeiteinrichtungen wie z.B. dem Schwimmbad. Diese Maßnahme erleichtert es in erheblichem Maße, auch eine große Anzahl von Touristen auf der Insel zu beherbergen und ihre Zahlungen zu kontrollieren.[8]
Ebenso erleichtert der Internetauftritt der Insel mit der Website www.norderney.de die Buchung und Reservierung von Ferienwohnungen, Hotelzimmern, Strandkörben und auch der NorderneyCard für die Gäste in großem Maße.

3.4. Raumveränderungen

Bei einem Vergleich der Stadtpläne von 1953 und heute werden einige durchgeführte Baumaßnahmen deutlich. Der Stadtkern im Osten der Insel blieb nahezu unverändert. Das Kurzentrum wurde vergrößert und einige Sportanlagen wie z.B. ein Tennisplatz mit Clubhaus, eine Reitanlage und ein Minigolfplatz wurden gebaut (1959). Auch Kliniken und Kurzentren von verschiedenen sozialen Einrichtungen entstanden. An der Georgshöhe im Nordosten wurde die Kurklinik der LVA Westfalen errichtet und es entstand u.a. ein Asthma- und Allergiezentrum.
Tiefgreifende Veränderungen erkennt man vor allem in den äußeren Stadtteilen. Sowohl im Westen („Siedlung Nordhelm") als auch im Osten zwischen dem Ortskern und dem Hafen entstanden sehr viele Einfamilienhäuser. Die Bebauung ist im Unterschied zum engen und dicht bebauten Ortskern eher weitläufig und von Grün- und Waldflächen unterbrochen.
Auch im Hafenbereich erkennt man einige Veränderungen. Das gesamte Hafenbecken wurde vergrößert, ein neuer Pier mit einem Wassersportzentrum und einem Sportboothafen entstanden.

---

[8] „NorderneyCard- Was ist das?" www.norderney.de, Gastgeberverzeichnis Norderney 2004 S.123

Norderney 1953[9]

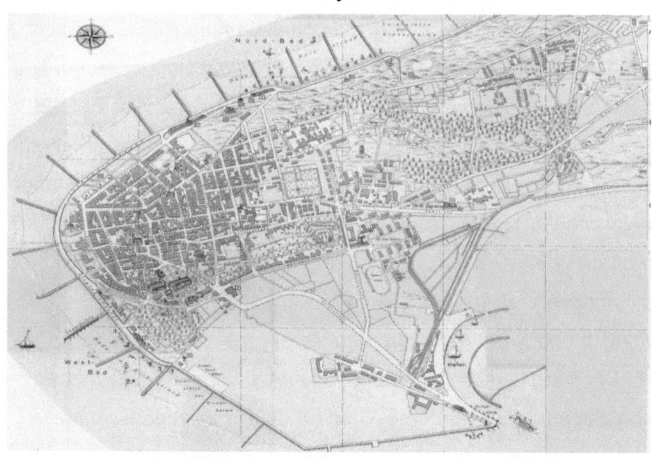

Norderney heute[10]

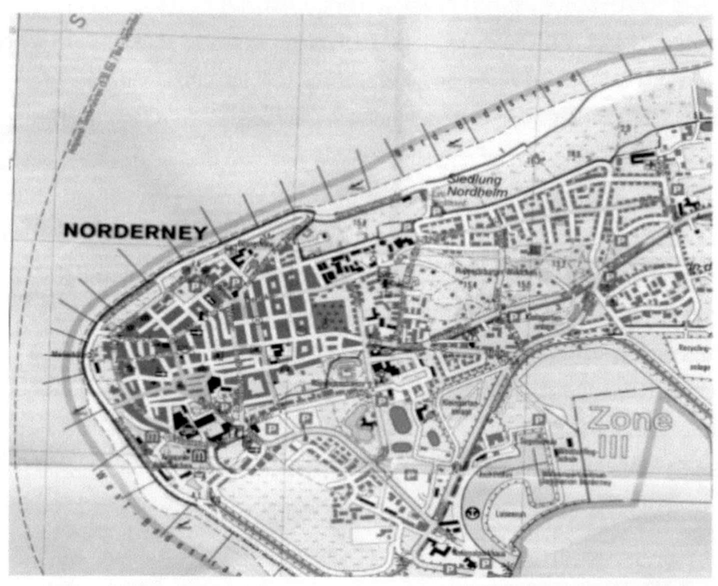

[9] www.norderney-chronik.de/themen/karten.html

[10] Kompass Wanderkarte mit Reitwegen Nr. 729 „Insel Norderney“

4. Heutige Struktur des Tourismus

4.1. Struktur der Stadt Norderney und der Beherbergungsbetriebe

Im Zentrum von Norderney liegt der Stadtkern. Seine Blütezeit liegt im 19. Jahrhundert und er hat im inneren Kern eine enge bebaute und ungeordnete Struktur. In der Mitte liegt die evangelische Kirche und ein vorgelagerter Platz. In diesem Teil der Stadt liegt, auch aufgrund der hohen Wohndichte und der engen Bebauung, die Fußgängerzone der ansonsten nicht autofreien Insel. Zudem findet man hier die Verwaltung, das Rathaus, das „Haus der Insel“ und das Kurtheater, also auch den Hauptstandpunkt der kulturellen Einrichtungen der Insel. Verstärkt in den letzten Jahren kann man in diesem Teil der Stadt viele Unterhaltungsmöglichkeiten, Restaurants und Szenekneipen finden. Man kann hier überwiegend Hotels der unteren und mittleren Preiskategorie finden, die in Reihenhäusern oder eng zu den Nachbarhäusern gebauten Häusern liegen. Im Erdgeschoss gibt es meistens Geschäfte, Cafes oder ähnliches. Die Häuser in der Innenstadt sind überwiegend mehrgeschossige Flachdachbauten, die noch aus dem 19. Jahrhundert stammen und ein mondänes Flair verbreiten.

Weiter westlich findet man die Strandpromenade. Hier liegen Norderneys First-Class- Hotels, die Meerblick und z.T. eigene Kur- und Wellnesseinrichtungen wie Massagen, Saunen, Swimmingpools, etc. anbieten. Die Strandpromenade ist der nobelste Teil Norderneys, die Lage sowohl zum Meer als auch zur Innenstadt ist sehr zentral. Diese Hotels der gehobenen Preiskategorie sind meistens mehrgeschossig und längs zur Straße gebaut. Auch die Umgebung an der Strandpromenade ist sehr edel und gepflegt, auch Restaurants und Cafes sind teuer und nobel ausgestattet. In diesem Teil Norderneys stammen die Gäste vor allem aus der besserverdienenden Bevölkerungsschicht.

In den Außenbezirken des Zentrums sind die Straßen schachbrettartig angeordnet. Sie entstanden einige Jahrzehnte nach dem Stadtkern. Die Häuser sind nicht ganz so prachtvoll gebaut wie im inneren Zentrum, auch sind die Straßen weitläufiger angelegt. Auch hier findet man Mittelklassehotels sowie viele Pensionen, Fremdenzimmer und einige Ferienwohnungen.

Wie ein Ring legt sich ein Grüngürtel um das Zentrum. Hier findet man viele Kureinrichtungen, Kliniken und Sportanlagen sowie einige soziale Einrichtungen, die durch diese Lage sowohl zentral und strandnah als auch ruhig und abgeschirmt

sind, denn die Bebauung ist unterbrochen von Grünanlagen und Waldflächen sowie den Verkehrswegen zu den äußeren Siedlungen und dem Hafen.
Außerhalb des Zentrums liegen zwei neuere Wohnsiedlungen, östlich und südlich des Zentrums. Sie bestehen überwiegend aus Einfamilienhäusern. Hier gibt es fast ausschließlich private Ferienwohnungen und Pensionen. Die Siedlungen sind ruhig und weitläufig gebaut und beliebt bei älteren Personen und Familien mit Kindern.[11]

4.2. Ausrichtungen des Tourismus

Bei Betrachtung des Gastgeberverzeichnisses der Kurverwaltung lässt sich die Konzentration auf verschiedene Formen des Tourismus feststellen.

1. Gesundheits-/ Kururlaub

In der Zeit nach dem zweiten Weltkrieg begann man, sich verstärkt auf Kuraufenthalte und Gesundheitsurlaub zu konzentrieren. Vor allem in den 1970er Jahren entstanden Einrichtungen wie das Kurmittel- und Wellnesscenter, ein Asthma- und Allergiezentrum sowie eine Allergie- und Hautklinik. Das hatte die Folge, das von diversen sozialen Einrichtungen wie Caritas, DRK und Krankenkassen Kuraufenthaltshäuser gebaut wurden. Es entstand ein Kurviertel, in welchem alle auf Kurmaßnahmen etc. ausgerichteten Häuser nahe beieinander liegen.

2. Sporturlaub

Weiterhin werden verschiedene Sportarten wie Golf, Strandsport, Segeln, Surfen, Angeln und Wandern angepriesen, die auf Norderney ausführlich betrieben werden können. Vor allem in den Sommermonaten finden auch sehr viele Sportveranstaltungen wie z.B. der „NorderneyMarathon“ statt, welche Sportler und Sportbegeisterte anziehen.

3. Familienurlaub

Ebenfalls deutlich wird die Ausrichtung auf Familien mit kleineren Kindern. Das 1990 errichtete Freizeitbad, Spielplätze, ein Kinderspielhaus sowie Kinderbetreuungsmöglichkeiten werden dargestellt, vor allem in den ruhigen Neubausiedlungen mit überwiegend Ferienwohnungen, wo auch einige Kinderspielplätze zu finden sind, fühlen sich Familien wohl.

4. Kultururlaub

Durch die umfangreichen Kultur- und Unterhaltungsprogramme wie Theater- und Musikdarbietungen kommen vor allem in den Sommermonaten viele gebildete und

[11] Quelle: Stadtplan, Gastgeberverzeichnis 2004, S.4/5

ältere Personen auf die Insel, die Gefallen an Theaterstücken und Konzerten finden.

Jedoch lässt sich keine klare Linie oder Zielgruppe erkennen, die Norderney bevorzugt ansprechen möchte. Die Kurverwaltung versucht, sehr vielseitig und ansprechend für jeden zu sein.

5. Wellnessurlaub

Besonders in den letzten Jahren ist der Trend des Wellness- Urlaubs zu beobachten. Auch auf Norderney werden verschiedene Programme und Anwendungen wie z.B. Thalasso- oder Meerwassertherapien angeboten. In Pauschalprogrammen wie z.B. der sogenannten „Thalassowoche“ bucht man neben einem „gehobenen Hotel“ auch direkt Massagen, Inhalationen und andere Wellnessanwendungen mit.[12]

6. Clubreisen

Der Katalog von „Müller- Touren“, eine bekannter Veranstalter von Kegeltouren und Clubreisen, bezeichnet Norderney als „ultimative Partyinsel für anspruchsvolle Gäste“.[13]

Hier wird ein breit gefächertes Unterhaltungsprogramm mit Dünenwanderung, Tanzabenden, etc. angeboten. Die im Katalog abgebildeten Hotels gehören der Mittelklasse an und liegen im Zentrum der Stadt, wo es auch die meisten Unterhaltungsmöglichkeiten gibt. Ebenfalls angeboten wird hier die Möglichkeit, mit einem sogenannten „Sambazug“, einem Sonderzug mit Tanz und Musik, nach Norderney zu fahren.

Die Angebote in Clubreisen- Katalogen sind alle auf 3 - 4 Tage beschränkt, also nur für Kurzurlauber, und die angebotenen Termine liegen vorwiegend in den Monaten September und Oktober. Es fällt auf, dass Norderney im Katalog 2004 von „Müller- Touren“ an erster Stelle (S. 12/13) steht, was ein Zeichen für die Aktualität und immer größer werdende Beliebtheit Norderneys ist.

[12] Gastgeberverzeichnis Norderney 2004, S.121
[13] „Die tollen Müller- Touren“, Kurzreisen 2004, S.12/13

5. Probleme und Maßnahmen

5.1. Umweltschutz

Eine Grundvoraussetzung für den Tourismus ist das naturräumliche Potenzial Norderneys.

Deshalb ist es besonders wichtig, dieses zu schützen und nachhaltig zu wirtschaften.

Zum Schutz des Wattenmeeres wurden mehrere deutsche Küstenabschnitte zu Nationalparks erklärt. Das Gebiet um Norderney und die Insel selbst gehören zum 1986 eingerichteten „Nationalpark Niedersächsisches Wattenmeer“. Da Naturschutz und Fremdenverkehr nur durch strenge Regeln zu vereinbaren sind, wurden die Naturflächen Norderneys in drei verschiedene Zonen eingeteilt.

Zum einen gibt es die sogenannte Ruhezone, wo Wandern, Radfahren usw. nur auf markierten Wegen erlaubt ist. Ansonsten darf die Ruhezonen nicht betreten werden, da hier die am meisten gefährdetsten Tier- und Pflanzenarten zu finden sind. Zur Ruhezone gehören auf Norderney ein Teil im Osten der Insel und ein Naturschutzgebiet im Süden.

Daran schließt sich die Zwischenzone an, die zwar außerhalb der Hauptbrutzeit betreten werden darf, in der jedoch immer noch gewisse Regeln einzuhalten sind ,wie z.B. das Anleinen von Hunden und das Verbot zu Fotografieren oder zu Grillen. Die Errichtung der Zwischenzone dient ebenfalls der Erhaltung des Landschaftscharakters und dem Tierschutz.

Als drittes gibt es die sogenannte Erholungszone. Hier ist der Erholungs- und Kurbetrieb freigestellt, d.h. es müssen keine generellen Regeln eingehalten werden und man darf die Landschaft auch abseits der markierten Wege betreten.[14]

5.2.Versorgung/ Entsorgung

Durch die Insellage Norderneys ergeben sich verständlicherweise Probleme in der Ver- und Entsorgung.

Die Trinkwasserversorgung erfolgt durch eine unter der Insel gelegenen Süßwasserlinse, in der sich durch eingetragenen Niederschlag das Grundwasser sammelt. Das hier angesammelte Wasser reicht zwar zur Versorgung der Inselbewohner und der Gäste, jedoch ist der Vorrat nicht unerschöpflich.

[14] Jan Schröter, „Norderney – ein illustriertes Reisehandbuch“, Edition Temmen, 1995, S.47, 50

Alle weiteren Versorgungsgüter müssen vom Festland importiert werden, weshalb die meisten Produkte auf der Insel etwas teurer sind. Auch dabei kann es in seltenen Fällen zu Engpässen kommen. Ebenfalls muss der Müll von der Insel mit Schiffen zu Festland transportiert werden.
Diese aufwändigen Ver- und Entsorgungsvorgänge sind sehr kostenaufwändig und müssen logistisch durchorganisiert werden. Eine Verbesserung der Ver- und Entsorgung wurde jedoch bereits mit einer Vergrößerung der Hafenanlage erreicht.

5.3. Weitere Schutzmaßnahmen

Am Nordstrand von Norderney werden bereits seit einigen Jahren umfangreiche Maßnahmen zum Ausbau und zur Sanierung der Küstenschutzanlagen betrieben. Mit Klinker und Naturstein wurden die Betonkonstruktionen des Deckwerkes an den Deichen verkleidet, um Überflutungen der Ortschaft und Schäden durch Sturmfluten vorzubeugen.
Auch im Jahr 2004 sind wieder Baumaßnahmen zur Verstärkung des Deckwerkes geplant.

6. Perspektiven

Norderney hat gute Perspektiven, auch in den nächsten Jahren ein beliebtes Urlaubsziel zu bleiben.
Wie man im Katalog 2004 der „Müller- Touren“ erkennen kann, ist die Insel ein beliebtes Ziel auch für Clubs und Vereine. Jedoch bleibt Norderney auch ein attraktives Ziel für Familien und Kururlauber.
Auf der Insel wurde in den vergangenen Jahrzehnten nachhaltig gewirtschaftet, viel Geld wurde in die Renovierung des Stadtzentrums, wo das Haupt des Tourismus ist, sowie in verschiedene Baumaßnahmen (z.B. das Erlebnisbad „Die Welle“) investiert.
Wie man an den kontinuierlich ansteigenden Besucherzahlen erkennen kann, haben sich diese Investitionen gelohnt. Nach Betrachtung dieser Statistiken kann man die Prognose abgeben, dass auch in den kommenden Jahren die Anzahl der Besucher weiter ansteigen wird, vermutlich wird sich jedoch aufgrund einer größe-

ren Anzahl von Kurzurlaubern die durchschnittliche Aufenthaltdauer weiter verringern.

7. Fazit: „Norderney- ein Ziel des Massentourismus?“

Auf der Insel Norderney findet nur in einem bestimmten, kleinen Rahmen Massentourismus (bezogen auf die in 2.1.genannte Definition) statt.

Ausschließlich der „Clubtourismus“ wird von Veranstaltern organisiert, er beschränkt sich jedoch auf wenige Hotels der unteren und mittleren Preiskategorie im Zentrum der Stadt. Obwohl es seit über 200 Jahren ein Fremdenverkehrsziel ist, wird Norderney vor allem zurzeit als Clubtour – Ziel stark frequentiert und ist einem Trend unterlegen, der sich erst in den letzten Jahren entwickelt hat. Gemäß der Definition von Massentourismus lässt sich deshalb vermuten, dass dieser Trend nicht mehr allzu lange anhält und dass in einigen Jahren andere Ziele in Deutschland favorisiert werden.

Die auf Norderney getätigten Investitionen haben in keiner Weise die Absicht, Massentourismus anzuziehen, sondern sollen die Insel vor allem für eine gehobenere Klasse und Familien attraktiver machen. Sie sind nicht kurzfristig entstanden mit der Absicht, möglichst viele Menschen anzuziehen, sondern sind langfristig geplant, nachhaltig und nicht auf die typischen „Clubs“ ausgerichtet.

Bedingt durch die Insellage sind Verpflegungsgüter auf Norderney eher teurer als in anderen Teilen, was ebenfalls im Widerspruch zur Definition von Massentourismus steht, in der ausgesagt wird, dass Ziele des Massentourismus preiswert und nicht von Luxus geprägt sind. In Norderneys Zentrum liegen überwiegend Einzelhandel- und Dienstleistungseinrichtungen, die auf eine besser betuchte Klasse ausgerichtet sind sowie eine Zahl von First- Class- Hotels.

Jedoch hat sich vor allem in der Innenstadt in den letzten Jahren die Anzahl der Unterhaltungsmöglichkeiten vergrößert, was ein Pull- Faktor für den Massentourismus in Form von „Kegelclubtourismus“ ist. Es gibt einige Attraktionen wie z.B. Szenekneipen und Veranstaltungen, die speziell für Kleingruppen inszeniert werden.

Weitere Pull- Faktoren sind natürlich der Strand und das Meer sowie die Insellage, da eine Insel immer ein anderes Lebensgefühl vermittelt als das Festland.

Der auf Norderney vorzufindende Massentourismus findet außerdem nur in einem bestimmten Zeitrahmen statt, nämlich in den typischen „Kegeltourmonaten“ August- bis Oktober sowie in etwas abgeschwächter Form in der Hauptsaison im Sommer.

Man kann sagen, dass auf Norderney vor allem Qualitätstourismus stattfindet, da es viele Hotels der gehobenen Preisklasse, eine breites Kultur- und Sportprogramm sowie zahlreiche Kur- und Gesundheitseinrichtungen gibt.

Außerhalb des Ortskerns hat man sich zudem auf Familien mit Kindern und in der Nebensaison vor allem auf Senioren ausgerichtet.

In den meisten Teilen Norderneys, abgesehen vom Zentrum, kann man Ruhe, unberührte Natur und zum Teil sogar Abgeschiedenheit finden, was im Gegensatz zu typisch massentouristischen Zielen steht.

Zum Beispiel im Vergleich mit El Arenal, dem beliebtsten Ziel des Massentourismus, fallen gravierende Unterschiede auf. Abgesehen davon, dass Massentourismus in El Arenal in einem sehr viel größeren Rahmen und fast das ganze Jahr über stattfindet, erkennt man auch an der Entwicklung und Beherbergungsstruktur Norderneys, dass es hier nicht zu einem vergleichbaren Tourismus kommen kann und wird.

8. Nachwort

Zu meinem Facharbeitsthema konnte ich auf einigen Internetseiten Informationen, Statistiken und Texte finden, ebenso waren das Gastgeberverzeichnis Norderneys, der Kurzreisenkatalog „Die tollen Müller-Touren 2004“ sowie ein Reisehandbuch hilfreich für mich. Ein Problem während der Materialbeschaffung war jedoch, dass die Kurverwaltung Norderneys auf keine meiner E-Mails antwortete und mir keine Informationen oder Materialien zukommen ließ.

Der Arbeitsprozess an meiner Facharbeit verlief trotzdem sehr zügig und ich hatte auch keine Probleme, mit dem Computer zu arbeiten, was mich aufgrund meiner eher geringen Erfahrung erstaunt hat. Sehr hilfreich fand ich auch die vom Fachlehrer zur Verfügung gestellten Materialien und Tipps für die Internetsuche. Vor allem der Text zur formalen Gestaltung hat mir sehr geholfen, da wir im Bezug auf diesen Punkt kaum Vorgaben bekommen haben.

Insgesamt hatte ich vor allem für das Schreiben der Facharbeit viel mehr Zeit eingeplant, die Recherche im Internet hatte ich mir jedoch einfacher und sehr viel weniger zeitintensiv vorgestellt.

Ich erkläre, dass ich die Facharbeit ohne fremde Hilfe angefertigt und nur die im Literaturverzeichnis angeführten Quellen und Hilfsmittel benutzt habe.

Literaturverzeichnis:

Schröter, Jan - „Norderney – ein illustriertes Reisehandbuch“, Edition Temmen, 1995

Gastgeberverzeichnis Norderney 2004

Kurzreisenkatalog „Die tollen Müller- Touren“ 2004

www.norderney-chronik.de

www.norderney.de

Referat: Frederik Sonnek – „Der Massentourismus“ www.fundus.org

Kompass, Wanderkarte 729, „Insel Norderney“

Diercke Wörterbuch Allgemeine Geographie